사이언스 리더스

물의 여행

멀리사 스튜어트 지음 | 송지혜 옮김

비룡소

멀리사 스튜어트 지음 | 미국의 유니언 대학교에서 생물학을 전공하고, 뉴욕 대학교에서 과학언론학으로 석사 학위를 받았다. 어린이책 편집자로 일하다가 현재는 아동 과학 분야의 작가로 활동하고 있다.

송지혜 옮김 | 부산대학교에서 분자생물학을 전공하고, 고려대학교 대학원에서 과학언론학으로 석사 학위를 받았다. 현재 어린이를 위한 과학책을 쓰고 옮기고 있다.

이 책은 아메리칸 대학의 환경과학 박사 빌럼 브라켈이 감수하였습니다.

내셔널지오그래픽 키즈 사이언스 리더스
LEVEL 3 물의 여행

1판 1쇄 찍음 2024년 12월 20일 1판 1쇄 펴냄 2025년 1월 15일
지은이 멜리사 스튜어트 옮긴이 송지혜 펴낸이 박상희 편집장 전지선 편집 임현희 디자인 천지연
펴낸곳 (주)비룡소 출판등록 1994.3.17.(제16-849호) 주소 06027 서울시 강남구 도산대로1길 62 강남출판문화센터 4층
전화 02)515-2000 팩스 02)515-2007 홈페이지 www.bir.co.kr 제품명 어린이용 반양장 도서 제조자명 (주)비룡소
제조국명 대한민국 사용연령 3세 이상 ISBN 978-89-491-6923-1 74400 / ISBN 978-89-491-6900-2 74400 (세트)

NATIONAL GEOGRAPHIC KIDS READERS LEVEL 3
WATER by Melissa Stewart

사진 저작권 AY: Alamy; GI: Getty Images; NGC: National Geographic Creative; SS: Shutterstock
Cover, VladisChern/SS; 1, Corbis/SuperStock; 4-5, WorldSat International Inc./Science Source; 6, Dennis Kunkel
Microscopy, Inc./Visuals Unlimited/Corbis; 7, Phil Degginger/Carnegie Museum/Science Source; 9, Martin Barraud/Stone
Sub/GI; 10, Elenamiv/SS; 11 (UPLE), Greg Amptman/SS; 11 (UPRT), FLPA/AY; 11 (CTR), Brian J. Skerry/NGC; 11 (LOLE),
Dante Fenolio/Photo Researchers RM/GI; 11 (LORT), Emory Kristof/NGC; 12, David R. Frazier Photolibrary, Inc./AY; 13,
Renato Granieri/AY; 14 (UPLE), Brian Lasenby/SS; 14 (UPRT), trainman32/SS; 14 (LO), Solvin Zankl/naturepl.com; 15, Gail
Shotlander/Flickr RF/GI; 16-17, Ulrich Doering/AY; 18, Kennan Ward/Corbis; 19, NASA/Science Photo Library; 20 (LE),
microcosmos/SS; 20 (RT), Dmitry Naumov/SS; 21 (UP), Leigh Prather/Dreamstime.com; 21 (LO), Stocksearch/AY; 22-
23, pmenge/Flickr Open/GI; 24-25, Markus Gann/SS; 24 (UPLE), Shan Shui/Photographer's Choice RF/GI; 24 (UPRT),
Sydneymills/SS; 24 (LOLE), Jamie Grill/Brand X/GI; 24 (LORT), Sinibomb Images/AY; 25 (UPLE), Pakhnyushcha/SS; 25
(UPRT), Peter Orr Photography/Flickr RF/GI; 25 (CTR LE), Kichigin/SS; 25 (CTR RT), Ladislav Pavliha/E+/GI; 25 (LO),
Dennis Hallinan/Hulton Archive Creative/GI; 27 (UP), Mimadeo/AY; 27 (LO), Matt McClain/The Washington Post via GI; 28
(UP), swish photography/Flickr Open/GI; 28 (LO), Hellen Grig/SS; 29, JLImages/AY; 31 (UP), C_Eng-Wong Photography/
SS; 31 (CTR), Holmes Garden Photos/AY; 31 (LO), Christophe Testi/SS; 32, AfriPics.com/AY; 34 (LE), Kenneth Libbrecht/
Visuals Unlimited/GI; 34 (RT), Kenneth Libbrecht/Visuals Unlimited/GI; 35 (UPLE), Kenneth Libbrecht/Visuals Unlimited/
GI; 35 (UPRT), Kenneth Libbrecht/Visuals Unlimited/GI; 35 (LO), Jim Reed/Science Source; 36, SuperStock; 38, Dennis
Welsh/Uppercut/GI; 39, Images Bazaar/GI; 40-41, Bill Hogan/Chicago Tribune/MCT via GI; 42-43, Tim Pannell/Corbis;
44 (CTR), Elena Elisseeva/SS; 44 (LO), Igorsky/SS; 44 (UP), WorldSat International Inc./Science Source; 45 (UP), Can
Balcioglu/SS; 45 (CTR LE), Monkey Business Images/SS; 45 (CTR RT), Andrey Armyagov/SS; 45 (LO), design36/SS; 46
(CTR LE), gst/SS; 46 (CTR RT), Renato Granieri/AY; 46 (LOLE), Kennan Ward/Corbis; 46 (LORT), NASA/Science Photo
Library; 47 (UPLE), Can Balcioglu/SS; 47 (UPRT), ArtTDi/SS; 47 (CTR LE), Stocksearch/AY; 47 (CTR RT), microcosmos/SS;
47 (LOLE), design36/SS; 47 (LORT), holbox/SS; vocabulary boxes, kobi nevo/SS; top border, Maria Ferencova/SS

이 책의 차례

물이 가득한 지구 4

살아 있는 바다. 8

잔잔한 호수와 연못 12

흐르는 강물 16

물의 대변신! 20

9가지 물에 관한 놀라운 사실 24

물이 날씨를 바꾼다고? 26

물은 정말 소중해! 36

물을 얼마큼 쓸까? 38

물의 경고! 40

도전! 물 박사 44

꼭 알아야 할 과학 용어 46

찾아보기 48

물이 가득한 지구

우주에서 바라본 지구는 마치
파란 공 같아. 둥그런 지구는
겉면의 약 70퍼센트가 물로
덮여 있거든.

지구에 사는 동식물 가운데
절반은 물에서 살아. 나머지
반은 물의 도움을 받아 생명을
이어 가지. 다시 말해 우리가
알고 있는 모든 생명체는 물
없이 존재할 수 없다는 말씀!

바다, 강, 개울, 호수, 연못 등 지구에 있는
모든 물을 합치면 얼마나 될까? 무려 약
1,260,000,000,000,000,000,000리터야!

지구에서 맨 처음 생명체가 나타난
곳도 물이었어! 약 35억 년 전 바다에서
생겨났으니까. 처음에는 눈에 보이지
않을 만큼 작고 단순한 모습이던
생명체가 시간이 흐를수록 점점
발달하기 시작했지. 더 크고, 복잡한
모습을 하게 된 거야.

과학자들은 지구에 처음으로
나타난 생명체가 고세균이었을
거래. 고세균은 아주아주
작고, 세포가 하나뿐인
단세포 생물이야. 왼쪽 사진은
오늘날의 고세균 중 한 종류를
현미경으로 확대한 모습이지.

6억 년 전 고대 바닷속을 상상해서 그린 그림이야.
고대 바다에 살던 생물들은 과연 어떤 모습이었을까?

지구에 동물이 처음 나타난 건 약 6억 년 전이야.
세균처럼 세포가 하나인 단세포가 아니고, 세포가
여러 개인 다세포 생물이었지. 이 중 대부분은
바다에서 머무르고, 나머지는 육지에 자리 잡았어.

살아 있는 바다

지구에 있는 물 대부분은 바다야. 태평양, 대서양, 인도양, 북극해, 남극해가 어마어마하게 큰 바다를 이루지. 언제나 넘실넘실 흐르는 바닷물은 하나로 연결되어 있어.

지구의 해류

북극해

유럽

아시아

북아메리카

대서양

아프리카

→ 차가운 해류의 흐름
→ 따뜻한 해류의 흐름

남아메리카

적도

인도양

오세아니아

태평양

남극해

남극 대륙

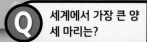 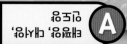

Q 세계에서 가장 큰 양 세 마리는?　**A** 큰바다양, 대서양, 인도양

깊은 바닷속에서 흐르는 차가운 **해류**는 **적도**를 향해 흘러가고, 위쪽에 흐르는 따뜻한 해류는 북극과 남극을 향해 이동해.

물 용어 풀이
해류: 바닷속에 흐르는 거대한 물줄기.

적도: 북극과 남극으로부터 같은 거리에 있는 점을 이은 선.

굽이치는 파도 모양의 비밀

바다에는 철썩철썩 파도가 치지? 파도가 해안에 가까워지면, 바다 얕은 곳의 땅과 부딪힌 파도 아랫부분은 속도가 느려져. 하지만 윗부분은 죽 나아가지. 그러다가 윗부분이 둥글게 쏟아져 내리면 아래 사진과 같은 파도 모양이 만들어지는 거야.

파도 윗부분이 말려 내려가고 있어.

깜짝 과학 발견 과학자들이 지금까지 탐험한 바다는 전체 바다의 10분의 1도 되지 않아.

바다를 본 적이 있니? 끝없이 펼쳐진 바닷물과
출렁이는 파도를 보았다고? 그건 바다의 겉모습에
지나지 않아. 이렇게 고요해 보이는 바닷속에는 사실
별의별 생물들이 다 와글대고 있거든!

바닷속 깊이깊이 내려가면 온몸이
꽁꽁 얼어붙을 만큼 온도가 내려가고,
주위가 칠흑처럼 어두워져. 하지만
이렇게 춥고 깜깜한 곳에서도 수많은
생물이 살아가.

얕은 바다에 무리 지어 사는 청줄돔

물속을 떠다니며
사는 플랑크톤

얕은 바다에 사는 매너티

깊은 바다에 사는 유리오징어

깊은 바다에 사는
관벌레와 게

잔잔한 호수와 연못

우아, 이 잔잔한 호수 좀 봐! 정말 평화로워. 호수와
연못은 강이나 개울 등이 낮은 곳에 흘러들어서
만들어져. 바다와 다르게 보통 파도가 치지 않지.
또 소금기로 짠 바닷물과 달리, 호수와 연못에 있는
물은 소금기가 없는 민물이야.

슈피리어호의 풍경이 근사하지? 슈피리어호는
북아메리카 대륙에서 가장 큰 호수야. 지구 겉면에
있는 민물의 무려 10퍼센트가 이곳에 모여 있어.

아르헨티나의 파타고니아에 있는 빙하의 모습

지구에 있는 연못과 호수는 맨 처음 어떻게
생겨났을까? 수천만 년 전의 지구는 몹시 추웠어.
두꺼운 **빙하**가 유럽과 북아메리카 대륙을 덮고
있었지. 그런데 이 거대한 빙하가 점점 남쪽으로
이동하면서 땅을 깎고, 커다란 구덩이를 만든 거야.

그 뒤로 시간이 흘러 1만 1500년쯤 전에 지구가
따뜻해졌어. 그러자 빙하가 줄줄
녹으면서 물이 생겼지. 이 물이
구덩이로 흘러들어 호수와
연못이 되었대.

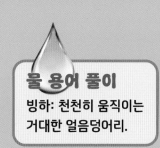

물 용어 풀이

빙하: 천천히 움직이는
거대한 얼음덩어리.

호수와 연못에는 많은 동물이 살아. 우리가 아는
것만 해도 물고기, 개구리, 달팽이, 거북, 오리,
잠자리……. 얼마나 많게!

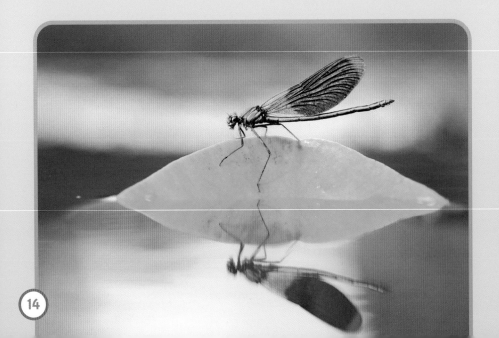

먹이를 잡아먹는 대백로

이뿐이게? 호수와 연못에 사는 식물은 햇빛과
이산화 탄소에서 에너지를 얻고 쑥쑥 자라나. 이곳의
곤충이나 물고기, 달팽이, 오리 등은 주변의 식물들을
먹고 살지. 그리고 이 동물들은 다시 개구리나 새
같은 포식자들의 먹이가 돼. 이처럼 호수와 연못은
다양한 생물들에게 알맞은 보금자리가 되어 준단다.

흐르는 강물

아프리카 동부에 있는 루피지강은 인도양으로 흘러가.

물은 끊임없이 이동해. 비와 눈이 되어 땅에 내린
물은 낮은 곳으로 흘러가지. 이렇게 물은 흘러 흘러
작은 개울을 이루고, 개울은 모여서 강을 이뤄. 또
강은 흐르고 흘러서 바다에 이르지.

| Q | 강물을 만나면 안 되는 고기는? | 돌고기 | A |

흐르는 강물의 빠르기는 강에 사는 동식물에게
무척 중요해. 빠르게 흐르는 물살에는 식물이 버틸
수 없거든. 식물이 잘 자라야 자연스럽게 동물들도
강으로 모여들겠지?

또 강물은 흐르면서 **침식** 작용을 일으켜. 땅과 땅 사이를 흐르면서 주변의 바위를 조금씩 깎아 내는 거야. 이때 깎인 돌멩이와 모래, 흙은 강물과 함께 떠내려가지. 이렇게 오랜 시간이 흐르면, 땅의 모양이 바뀐단다.

미국 애리조나주에 있는 콜로라도강은 수백만 년에 걸쳐 주변의 바위를 서서히 침식했어. 그리하여 거대한 골짜기 그랜드 캐니언이 만들어졌지.

강

퇴적물

멕시코만

미국 중앙부를 지나는 미시시피강은 바다로 흘러들면서
멕시코만에 퇴적물을 어마어마하게 쌓아.

와, 바다야! 강물은 바다에
닿으면서 속도가 느려져. 함께
흘러온 **퇴적물**은 바다
밑바닥으로 가라앉지.

물 용어 풀이

침식: 비나 강물, 빙하
등이 땅을 깎아 내는 일.

퇴적물: 강이 싣고 와서
바다에 쌓이는 물질.

바다의 소금은 어디에서 왔을까?

바닷물 속 소금은 강이 바다로 싣고 온
퇴적물에 들어 있던 물질 중 하나야.

물의 대변신!

지구의 바다, 호수, 강 등에 있는 모든 물은 자그마치 수억만 년 전부터 존재했어. 처음부터 같은 모습으로 있었던 것은 아니지만 말이야.

물은 정말 특별해! 얼음, 물, **수증기**를 한번 떠올려 봐. 이렇게 자연에서 고체, 액체, 기체가 될 수 있는 물질은 오직 물뿐이야. 또 물은 자신의 모양을 쉽게 바꿀 수 있지.

고드름은 고체 상태의 물이야.

물은 액체 상태이고.

기체에서 액체로 변하는 물

빈 유리잔을 냉동실에 넣어 봐. 그러고 나서 10분 뒤에 유리잔을 꺼내 어떤 일이 일어나는지 관찰하는 거야. 공기 중에 있는 따뜻한 수증기가 차가운 유리잔에 닿으면 온도가 식으면서 '응결'해. 유리잔에 물방울로 맺히는 거지. 즉 유리잔에 맺힌 물방울은 주변 공기에서 온 거라는 말씀!

물을 끓이면 '증발'하여 기체인 수증기가 돼.

물 용어 풀이

수증기: 기체 상태의 물.

응결: 기체가 액체로 변하는 것.

증발: 액체가 기체로 변하는 것.

돌고 도는 물의 순환

물은 한곳에 계속 머물지 않아. 바다, 호수, 강 같은
땅에 있는 물은 하늘로 올라갔다가, 눈비가 되어
땅으로 내려오지. 그리고 다시 하늘로 올라가. 이렇게
반복되는 과정을 '물의 순환'이라고 해.

증발

낮 동안 태양이 바다,
호수, 강을 데워. 어느
정도로 온도가 오르면
물이 증발하게 되지.
수증기가 되어 공기
중으로 올라가는 거야.

깜짝 과학 발견

빗방울이 땅에 똑똑똑
떨어질 만한 크기가 되려면
작은 물방울이 무려
100만 개나 모여야 해.

응결
수증기가 위로 올라갈수록
주위의 온도가 점점
낮아져. 차가운 공기를
만난 수증기는 작은
물방울로 응결돼.

강수
물방울이 서로 부딪히고
뭉쳐서 구름이 만들어져.
구름은 점점 더 커지고
무거워지다가 마침내
비나 눈이 되어 내려.

순환
비와 눈은 땅속으로
스며들어. 바다,
호수, 강으로 도로
떨어지기도 하지.
이 과정을 되풀이하며
물은 계속 순환해.

9 가지 물에 관한 놀라운 사실

바닷물이 증발하면 하얀 소금 알갱이가
남아. 물속에 소금이 들어 있는 거야!
바닷물에서 짠맛이 나는
이유를 알겠지?

전 세계에 있는 민물 가운데
3분의 2는 현재 빙하 상태로
꽝꽝 얼어붙어 있어.

집에서 편하게 물을 사용할 수
있는 사람은 전 세계 인구의
절반 정도밖에 안 돼.

만약 수도꼭지에서 물이 1초에
한 방울씩 샌다면, 그 물로 한 달
만에 욕조 16개를 가득
채울 수 있어!

5

보통 수증기가 공기 중에
머무르는 기간은 2주가 채
되지 않아.

6

바닷물과 강물 중 무엇이 더 빨리 얼까?
정답은 강물이야. 바닷물은
강물보다 더 낮은 온도에서
얼거든.

7

지금까지 알려진 가장 큰 눈송이는
1887년 미국 몬태나주에서 내렸어.
식사할 때 쓰는 접시보다
훨씬 컸다나?

8

물이 높은 곳에서 떨어지는 힘으로
전기를 만드는 것을
'수력 발전'이라고 해.

9

세차게 쏟아져 내리는 비의 속도는
얼마나 빠를까? 무려
시속 32킬로미터쯤 된대!

물이 날씨를 바꾼다고?

우리 주변의 공기는 여러 가지 기체로
이루어져 있어. 그중 날씨에 가장 큰
영향을 미치는 것이 뭐게? 바로 기체로
변신한 물인 수증기야!

수증기가 비가 되어 내리면 소풍날을
망칠지도 몰라. 눈이 되어 펑펑 내리면
학교 가는 길이 얼마나 미끄러울까!
그래서 사람들은 어떤 옷을 입을지,
무엇을 하며 하루를 보낼지 정하기 전에
일기 예보를 보고 그날의 날씨를 확인해.

수증기가 날씨에 어떻게 영향을 미치는지
함께 알아볼까?

땅 가까이에 있는 수증기

해가 지고 쌀쌀한 저녁이 되면 땅 쪽에 있던
수증기가 응결하여 작은 물방울이 돼.

그 작은 물방울들이
공기 중에 잔뜩 떠
있으면 우리는 뿌연
안개를 보게 되는
거야.

한편 수증기가
차가운 풀이나
나뭇잎에 닿아
응결하면 이슬이
되지. 거미줄에
알알이 맺힌 이슬
좀 봐!

추운 겨울밤에 기온이 **어는점** 아래로 떨어지면
이슬이 얼어붙어 서리가 돼. 다음 날 아침에 나가
보면 풀잎에 앉은 서리를 볼 수 있겠지?

물 용어 풀이

어는점: 액체가 고체로
변하기 시작할 때의 온도.
(물의 어는점은 0도야.)

29

하늘에 떠 있는 수증기

지구를 둘러싸고 있는 공기에는 수증기가 가득해.
수증기는 낮은 땅에도 있고, 높은 하늘에도 있지.
만약 수증기가 우리 머리 위에서 응결한다면, 우리
머리 위로 몽실몽실 구름이 모자처럼 앉을 거야!

구름은 모양과 크기가 무척 다양해. 하늘 높이높이
뜨는 구름도 있고, 땅과 가깝게 깔리는 구름도 있어.

과학자들은 구름을 크게 새털구름(권운), 쌘구름
(적운), 층구름(층운), 이렇게 세 가지로 나누어.
각 구름의 모습과 특징을 살펴보자.

새털구름(권운)

하늘 높이 떠 있는 새털 모양의 구름이야. 보통 맑은 날씨에 나타나지.

쌘구름(적운)

뭉게뭉게 솜사탕 모양의 구름이야. 갑자기 소나기를 내리기도 하니 조심해!

층구름(층운)

가장 낮게 깔리는 두툼한 구름이야. 하루 종일 이슬비나 안개비를 내리기도 해.

아프리카 서남부의 나미브 사막에는 일 년
동안 비가 고작 13밀리미터밖에 내리지 않아.

무시무시한 비

어떤 지역에서는 거의 매일 비가 내려.
반대로 비가 거의 오지 않는 지역도 있지.
각 지역의 동식물은 주어진 기후 환경에
맞추어 살아가고 있어.

어떤 때는 폭풍이 몰아치며 엄청나게 큰비가
쏟아지기도 해. 강물이 흘러넘쳐 홍수가 나면,
집이 망가지고 논밭이 물에 잠겨 그해 농사를
망치기도 하지.

가뭄이 들면 수개월 동안 비가 정말 조금만
오거나 아예 내리지 않기도 해. 심하면
땅이 바짝 마르고 식물이 죽을 수도 있어.
사람이 마실 물도 부족해지지. 이처럼 비는
너무 적게 내려도, 너무 많이 내려도 지구의
생물들에게 큰 피해를 입혀.

하늘에서 떨어지는 얼음

비는 구름에서 만들어진다고 했잖아? 그런데
구름에서는 비만 내리는 게 아니란다! 추운 겨울이
되면 구름을 이루는 작은 물방울들도 꽁꽁 얼어붙어.
그러다 이 얼음 알갱이들이 너무 크고 무거워지면
땅으로 토도독 떨어지고 말지. 맞아, 바로 눈이야!

눈송이는 수천 개의 얼음 알갱이가 모여서 만들어져.
눈송이를 확대해 보면, 얼음 알갱이가 이루는 예쁜
모양을 볼 수 있어.

눈송이를
확대한 모습

눈과 비는 이름 부자

눈과 비는 상태에 따라
다양한 이름으로 불려.
눈이 녹으면서 내리거나
비와 섞여서 내리면
'진눈깨비'라고 해.
'어는비'는 빗방울이 차가운
땅에 닿아서 얼어붙은 거야.
구름 속 얼음 알갱이가
갑자기 차가운 공기를 만나
꽝꽝 언 덩어리로 떨어지면
'우박'이 되지.

깜짝
과학
발견

으악, 피해! 어떤 우박은
야구공보다 커. 맞으면
크게 다칠지도 몰라.

35

물은 정말 소중해!

물은 지구에 없어서는 안 될 소중한
물질이야. 그리고 우리 몸에도 꼭
필요하지. 물이 우리 몸무게의 반
이상을 차지한다는 사실을 아니?
물은 우리 몸속에서 소화를 돕거나
병을 일으키는 세균을 없애는 등
많은 일을 하고 있어.

땀을 흘리거나 오줌을 눌 때마다
우리 몸에서는 물이 빠져나가.
그러니까 매일 물을 충분히 마셔
주어야겠지?

깜짝 과학 발견

사람은 음식을 먹지 않고
한 달 정도 살 수 있어.
하지만 물을 마시지 않으면
일주일도 버티기 어려워!

물을 얼마큼 쓸까?

우리는 매일 약 1리터의 물을 마셔. 게다가 물로 요리 재료를 씻고, 옷을 빨고, 몸을 씻지. 이렇게 우리가 하루에 쓰는 물의 양을 다 합치면 약 300~400리터에 이른다고 해. 정말 놀랍지?

Q 물이 새자 수도꼭지가 물에게 뭐라고 했게?

A 정말 똑똑하네!

우리 가족이 물을 얼마나 많이 사용하고 있는지 한번 살펴볼까? 가족과 함께 아래 표를 보고 일주일 동안 우리 집에서 쓰는 물의 양을 따져 봐. 어때, 예상보다 많을 것 같아, 적을 것 같아?

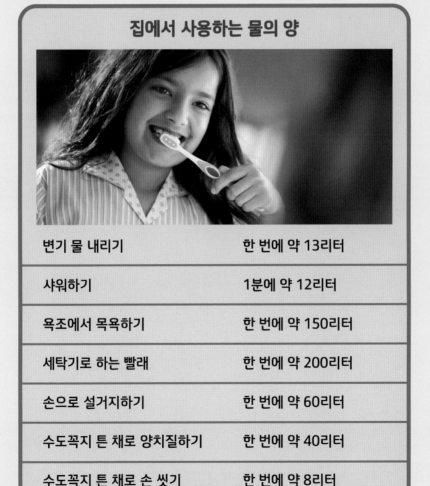

집에서 사용하는 물의 양

변기 물 내리기	한 번에 약 13리터
샤워하기	1분에 약 12리터
욕조에서 목욕하기	한 번에 약 150리터
세탁기로 하는 빨래	한 번에 약 200리터
손으로 설거지하기	한 번에 약 60리터
수도꼭지 튼 채로 양치질하기	한 번에 약 40리터
수도꼭지 튼 채로 손 씻기	한 번에 약 8리터

물의 경고!

이처럼 우리는 매일 물을 마시고 사용해. 그런데 1950년대부터 전 세계 사람들이 사용하는 물의 양이 세 배나 늘어났지 뭐야! 지구에 있는 물의 전체 양은 변하지 않는데 말이야.

어떤 지역에서는 물이 다시 차는 속도보다 쓰는
속도가 더 빠르대. 이대로 가다간 머지않아 지구
생물에게 필요한 물이 부족해질 거야.

우리가 할 수 있는 일은 과연 무엇일까?
우선은 물을 아껴 써야겠지?

지붕이 있는 주택에
산다면, 비가 오는 날
지붕에서 떨어지는
물을 큰 통에 받아 봐.
이 물을 모아서 식물에
주거나 물청소할 때
쓰면 물을 적어도
100리터 넘게 절약할
수 있어.

그런데 우리가 쓸 물이 부족하면 아무 소용 없어. 다시 말해 물이 깨끗하도록 보호하는 게 무엇보다 중요한 거야.

많은 배들이 바다에 쓰레기를 마구 버리고 있어. 공장은 강으로 **오염**된 물을 내보내지. 해로운 벌레를 죽이기 위해 쓰는 각종 약품이 땅속 지하수로 흘러드는 것도 문제야. 이렇게 오염된 물은 사람이 마실 수 없어. 물속에 사는 생물들에게도 무척 해롭지.

오염을 막으려면 다 같이 노력해야 해. 그래야만 지구의 가장 소중한 **천연자원**인 물을 지킬 수 있어.

오염을 줄이는 또 하나의 방법은 환경 보호 운동에 함께하는 거야.

물 용어 풀이

오염: 물, 땅, 공기 등이 더러워지는 일.

천연자원: 자연에 있어서 사람이 이용할 수 있는 물질.

43

도전! 물 박사

자, 책을 다 읽었다면 아래 퀴즈를 풀고 실력을
확인해 봐! 정답은 45쪽 아래에 있어.

지구 최초의 생명체는 약 _____년 전
바다에서 나타났어.
A. 1억 1500만
B. 3억 2600만
C. 6억
D. 35억

북아메리카 대륙에서 가장 큰 호수의
이름은 무엇일까?
A. 미시간호
B. 슈피리어호
C. 충주호
D. 이리호

비와 녹은 눈은 _____에 닿을 때까지
계속 흘러가.
A. 개울
B. 웅덩이
C. 바다
D. 강

4

수증기가 차갑게 식으면 어떻게 될까?
A. 증발한다.
B. 얼어붙는다.
C. 응결한다.
D. 아무런 변화가 없다.

5

이슬비나 안개비를 내리는 구름의 이름은?
A. 층구름
B. 쌘구름
C. 새털구름
D. 안개

6

우리 몸무게에서 물은 얼마나 많은 무게를 차지할까?
A. 4분의 1 미만
B. 반 이상
C. 5분의 4 이상
D. 거의 대부분

7

물이 오염되는 원인은 무엇일까?
A. 배에서 바다로 버리는 쓰레기
B. 공장에서 강으로 내보내는 오염된 물
C. 지하수로 흘러든 각종 약품
D. A~C 전부 다

정답: 1. D, 2. B, 3. C, 4. C, 5. A, 6. B, 7. D

꼭 알아야 할 과학 용어

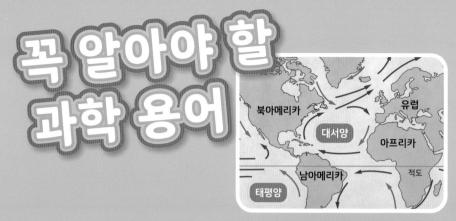

해류: 바닷속에 흐르는
거대한 물줄기.

적도: 북극과 남극으로부터 같은
거리에 있는 점을 이은 선.

빙하: 천천히 움직이는
거대한 얼음덩어리.

침식: 비나 강물, 빙하 등이 땅을
깎아 내는 일.

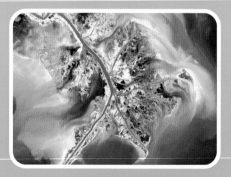

퇴적물: 강이 싣고 와서
바다에 쌓이는 물질.

수증기: 기체 상태의 물.

응결: 기체가 액체로 변하는 것.

증발: 액체가 기체로 변하는 것.

어는점: 액체가 고체로
변하기 시작할 때의 온도.

오염: 물, 땅, 공기 등이
더러워지는 일.

천연자원: 자연에 있어서 사람이
이용할 수 있는 물질.

찾아보기

ㄱ
강수 23
고드름 20
고세균 6
고체 20, 29
기체 20, 21, 26

ㄴ
남극해 8
눈송이 25, 34, 35

ㄷ
다세포 7
단세포 6, 7
대서양 8, 9

ㅁ
물의 순환 22
민물 12, 24

ㅂ
북극해 8
빙하 13, 19, 24

ㅅ
새털구름(권운) 30, 31

서리 29
소금 19, 24
소나기 31
수력 발전 25
수증기 20, 21, 22, 23, 25, 26, 28, 30
슈피리어호 12
쌘구름(적운) 30, 31

ㅇ
안개 28, 29
안개비 31
액체 20, 21, 29
어는비 35
어는점 29
오염 42, 43
우박 35
응결 21, 23, 28, 30
이슬 28, 29
이슬비 31
인도양 8, 9, 16

ㅈ
적도 8, 9
증발 21, 22, 24
진눈깨비 35

ㅊ
천연자원 42, 43
층구름(층운) 30, 31
침식 18, 19

ㅌ
태평양 8, 9
퇴적물 19

ㅍ
파도 9, 10, 12

ㅎ
해류 8, 9